MANUEL DU VIGNERON

ET DU

PROPRIÉTAIRE DE VIGNES,

OU

L'ART DE CULTIVER ET D'AMÉLIORER LA VIGNE,

De soigner et améliorer les vins dans le Jura et les départements limitrophes,

AVEC

UN NOUVEAU PROCÉDÉ DE DISTILLATION,

SUIVI DE

RECETTES POUR PRÉPARER LE COLLAGE DES VINS,

ENLEVER LEURS MAUVAIS GOUTS, ET LES GUÉRIR DES MALADIES QU'ILS ÉPROUVENT,

PAR

ÉLIE GERBET,

Ancien marchand de vins à Arbois.

LONS-LE-SAUNIER,

IMPRIMERIE ET LITHOGRAPHIE DE FRÉDÉRIC GAUTHIER.

1860.

MANUEL
DU VIGNERON
ET DU
PROPRIÉTAIRE DE VIGNES.

MANUEL
DU VIGNERON

ET DU

PROPRIÉTAIRE DE VIGNES,

OU

L'ART DE CULTIVER ET D'AMÉLIORER LA VIGNE,

De soigner et améliorer les vins dans le Jura et les départements limitrophes,

AVEC

UN NOUVEAU PROCÉDÉ DE DISTILLATION,

SUIVI DE

RECETTES POUR PRÉPARER LE COLLAGE DES VINS,

ENLEVER LEURS MAUVAIS GOUTS, ET LES GUÉRIR DES MALADIES QU'ILS ÉPROUVENT,

PAR

ÉLIE GERBET,

Ancien marchand de vins à Arbois.

LONS-LE-SAUNIER,

IMPRIMERIE ET LITHOGRAPHIE DE FRÉDÉRIC GAUTHIER.

1860.

INTRODUCTION.

Avant d'entrer en matière, je dois faire connaître au lecteur les motifs qui m'ont déterminé à livrer au public cette petite brochure. Mon seul but a été de réunir sous ses yeux, le plus simplement possible, l'ensemble des observations que j'ai recueillies pendant 45 ans que j'ai habité Arbois, en exerçant la profession de marchand de vins et aussi en travaillant avec les vignerons de cette localité, qui, avec ceux des cantons voisins, passent, non sans raison, pour les meilleurs du Jura.

Loin de moi, toutefois, la pensée trop exclusive, et même injuste, de ne voir de bons viticulteurs que dans mon pays. Je crois, au contraire, qu'on en trouve dans tous les vignobles, et que partout aussi il y en a de mauvais. C'est surtout à ceux-ci que je m'adresse, en les prévenant qu'ils chercheraient en vain, dans tout ce qui va suivre, autre chose que l'exposé des vices et des désavantages d'une routine ruineuse, ennemie de tout progrès, dont ils sont les premières, mais non les seules victimes, — exposé mis en regard des beaux résultats obtenus par les hommes éclairés qui ont expérimenté les méthodes que je me propose de décrire.

N'est-il pas à regretter que beaucoup de nos devanciers, qui mettaient à profit les leçons de l'expérience et de l'observation, soient descendus dans la tombe sans songer à les communiquer à leurs compatriotes? Le petit cercle qui les entourait a peut-être su les imiter : mais n'est-ce pas là évidemment une propagande insuffisante ? Aussi crois-je remplir un véritable devoir, en soumettant à l'appréciation des nombreux intéressés les résultats d'une longue pratique et d'une comparaison attentive des divers procédés employés jusqu'à ce jour. Puisse le public, sans s'arrêter ni à la forme de mon livre, ni à sa valeur littéraire, qui a été la moindre de mes préoccupations, y trouver, comme je l'espère, quelques bonnes idées, quelques conseils sages et pratiques dont il sache tirer avantage : je serai largement récompensé de mes peines.

Pour mieux être compris de tous, je me servirai des termes usités dans nos divers vignobles, en parlant des travaux qu'exige leur culture et des outils aratoires qu'on y emploie: je raisonnerai en *ancien praticien*.

Dans la culture de la vigne, comme dans la manière dont on traite les vins actuellement, il n'est pas facile, je le sais, d'essayer l'introduction de nouveaux procédés, ou même l'amélioration de ceux déjà en usage : on rencontre infailliblement des contradicteurs entêtés, des routiniers endurcis. Quant au traitement des vins en lui-même, je dirai à tous, avec pleine et entière confiance : Essayez en petit ma méthode; mais, pour cela, *suivez à la lettre ce que je vous conseille.*

Un mot, avant de passer outre, d'une brochure qui se vend à Lons-le-Saunier, intitulée : *L'Art de soigner et de guérir les vins,* par un ancien marchand de vins.

En ma qualité d'ancien marchand de vins, je dois prévenir que je n'en suis pas l'auteur. Cependant je ne puis m'empêcher de revendiquer, comme étant de moi, les passages relatifs à la fermentation de la vendange, à la fin du volume, p. 66 à 68 ; ces passages sont la reproduction d'un article publié dans le *Journal du Jura*, et ont été intercalés dans l'opuscule en question, à mon insu et sans mon autorisation.

En ce qui concerne la plupart des moyens qui y sont enseignés, je n'ai rien à en dire; mais je rejette formellement celui qui consiste à mettre une certaine quantité d'eau dans la vendange, afin de bonifier le vin. Non-seulement ce conseil est contraire au but proposé; il est, de plus immoral. Il y a déjà bien assez d'industriels peu délicats qui ne reculent pas devant son application, sans qu'on vienne encore l'indiquer à tout le monde, au grand détriment de la santé publique, au profit seul de celui qui ne craint pas d'exploiter ses semblables; et je ne comprends guère qu'on laisse circuler une pareille brochure. Tout au moins devrait-on en faire retrancher un conseil aussi pernicieux.

MANUEL
DU VIGNERON
ET DU
PROPRIÉTAIRE DE VIGNES.

Considérations générales.

Jetons d'abord un coup d'œil sur la position de nos vignobles. Du nord au midi, de Salins à Lons-le-Saunier, et même plus loin, ce sont presque les mêmes terrains et les mêmes pentes qui se continuent, en se répétant à peu de chose près : terres argileuses, marneuses, quelques-unes graveleuses. Il serait, selon nous, erroné d'attribuer exclusivement la bonne ou la mauvaise qualité du vin aux quelques nuances d'exposition qui rompent cette quasi-uniformité, bien qu'en général ces nuances y contribuent ; car on voit des vignes parfaitement situées, au midi, produire des vins inférieurs, et d'autres, tournées au nord, en donner d'excellents : telles sont celles des Arsures sur Arbois.

Remarquons encore, en passant, que les coteaux qui gisent çà et là, à peu de distance de la chaîne jurassique, bien que pourvus en partie de bons plants, donnent des vins moins bons pour la plupart, sous le rapport de leur conservation, que ceux provenant des vignes situées dans la grande pente même.

Et cependant, avec des terrains presque semblables, chacun sait qu'on obtient, dans notre département, de grandes différences dans la qualité. La partie méridionale devrait, ce semble, fournir les meilleurs vins, tandis que c'est en général le contraire. Quelle est donc la cause de cette anomalie ?

On ne peut raisonnablement l'attribuer qu'aux divers plants introduits dans les vignes, au mode de leur culture, et à l'époque plus ou moins rapprochée de leur récolte.

Plantation et provignage des vignes.

Dans les vignobles méridionaux du Jura, les propriétaires ne surveillent pas leurs vignerons ; ils les laissent choisir le plant à peu près comme il leur tombe sous la main. Si quelquefois les premiers font des observations, les vignerons répondent aussitôt que le fin plant n'y rapporte rien, et tout est dit. Il y a mieux : la plupart des uns et des autres, séduits par l'appât du gain, visent uniquement au produit, et croient qu'ils ne pourront l'obtenir qu'avec du gros plant. Aussi est-il facile de constater que les plus mauvais de nos vins viennent des vignobles cultivés par ces sortes de vignerons.

Dans cette même partie du département, la plantation des vignes et les fosses à provigner ne sont faites que de *deux fers de pelle*, tandis qu'elles devraient l'être de quatre, dans certaines circonstances. Comment les ceps pourraient-ils prendre de la force en croissant, et bien s'enraciner? Aussi, dans ce cas, s'arrachent-ils souvent au moment des grands travaux.

En faisant des fosses profondes, on trouve dans le sol même assez de terre pour *terrer*, ce qui est un point essentiel pour obtenir de la qualité : par là, on ne change pas la constitution du sol; tandis qu'en lui incorporant de la terre étrangère à la sienne, *surtout de la terre de prés*, on finit par le dénaturer complètement, et un fonds donnant de bon vin n'en fournira plus que du mauvais, le fumier chaud aidant.

Ce n'est donc, en résumé, que dans la vigne même qu'on doit chercher, autant que possible, les éléments nécessaires pour la bien travailler, et cela en faisant des fosses profondes.

Mais le vigneron dont je parlais tout à l'heure ne l'entend pas ainsi, ce n'est pas là son affaire : les provins mettent trop de temps pour croître et rapporter, dit-il. Cependant, s'il suivait mes conseils, les provins une fois venus grossiraient, prendraient de la force et se chargeraient de plusieurs *corgées* (boucles) sur le même cep.

On va m'objecter encore que dans les terrains argileux, l'eau séjourne dans les fosses et pourrit les racines. Il en est ainsi à Salins et à Arbois, où l'argile domine. Pour y remédier, que font les vignerons ? Ils fossoient plus profondément, emploient l'argile extraite à terrer la vigne, puis remplissent le creux avec des pierres prises dans un *murger*, ou à défaut, y déposent une couche de sarments, et provignent dessus. Enfin, ils ouvrent dans le bas de la fosse une rigole servant à l'épurer. Par ce moyen, les provins croissent et prospèrent.

Qui empêcherait encore d'introduire dans cette rigole quelques tubes de drainage, qu'on pourrait relever dès que la fosse serait à peu près remplie ? Car les vignes argileuses sont ordinairement situées sur un terrain en pente.

Voici un drainage facile, et qu'un vieux vigneron m'a assuré lui avoir bien réussi. Il consiste tout simplement à fumer la fosse avec du marc de raisin. Les vers, attirés par cet engrais, bien approprié pour la vigne et qui ne peut nuire à la qualité du vin, pratiquent de petits conduits souterrains pour y arriver, en perçant le sol profondément et en plusieurs endroits. Par ces conduits, l'eau s'écoule insensiblement et la fosse s'égoutte.

Des engrais propres à la vigne.

Le marc et les chiffons de laine sont les seuls engrais qui n'altèrent pas la qualité du vin : ces derniers, à cause de la lenteur qu'ils mettent à se décomposer. En général, tout engrais qui donne sa force immédiatement et se consume vite, est nuisible au bouquet de ce liquide si délicat.

On peut cependant en employer d'autres lorsqu'il s'agit de rétablir une vigne ruinée, mais avec discernement. Le poil de bœuf, en très-faible partie, est excellent dans ce dernier cas, parce qu'il se consume lentement; encore ne convient-il que dans les terrains froids. On doit le rejeter absolument pour les terrains chauds.

J'ai vu, en Champagne, fabriquer un engrais qui offre peu, pour ne pas dire point d'inconvénients. Dans les bons vignobles, ceux qui produisent les fameux vins mousseux, il y a fort peu de terre végétale; elle est, de plus, très-légère et ressemble au sable. Elle repose sur un banc de craie blanche; en conséquence, il est impossible d'y pratiquer des fosses profondes. Les vignerons préparent, au bas de la propriété, dans un endroit rapproché, une *place* destinée à recevoir une couche de 10 à 12 centimètres de terre reconnue convenable et propice à la vigne qu'il s'agit de fertiliser. Sur cette couche, et avec du fumier, ils en établissent une deuxième, qui à son tour en recevra une troisième de même nature que la première; et ainsi de suite, en alternant comme il vient d'être dit. Le tas achevé, ils le laissent dans cet état pendant un an; puis, l'année suivante, ils épanchent ce terreau dans la vigne, un jour ou deux avant de donner le premier labour, afin qu'il n'ait pas le temps de s'évaporer.

En général, c'est toujours ainsi qu'il faut procéder dans toute culture, car le fumier doit rester en tas jusqu'au moment où on va le couvrir; autrement il y a évaporation et déperdition, chose à laquelle n'attachent pas assez d'importance la presque généralité des cultivateurs, qui le laissent généralement dessécher au soleil.

Des diverses espèces de plants et des travaux qui constituent la culture de la vigne.

Examinons maintenant les différents plants qui peuplent nos vignes.

Pourquoi Salins, Arbois et leurs environs conservent-ils les fins plants, tandis que la plupart des autres les ont détruits? Je l'attribue à leur position géographique respective. Avantageusement placées au nord et à l'est de la partie viticole du Jura, ces localités ont toujours obtenu un écoulement facile pour leurs vins; c'est pourquoi elles ont à peu près gardé les plants primitifs, et c'est ce qui leur procure encore en ce moment un débouché certain et une préférence assurée. Les amateurs de bons vins vont les chercher là, où ils savent en trouver davantage. Ils peuvent y faire un choix varié. D'un autre côté, le producteur tient ses prix, assuré qu'il est de les obtenir avantageux tôt ou tard.

Mais les vignobles dont la position topographique est moins bonne, font passer la production avant tout, afin d'attirer les acheteurs par le bon marché. C'est là sans doute le motif qui les engage à préférer les gros plants, et cette spéculation mal entendue, mal combinée, est arrivée à un grand abus. En effet, il y a des terrains uniquement destinés aux fins plants, comme d'autres conviennent seulement aux gros. Les premiers devraient occuper les trois quarts et plus des hauts vignobles du département, tandis qu'il en est autrement : c'est presque l'inverse qui a lieu.

Ici, je demanderai aux amateurs de gros plants si ces espèces produisent le double des autres. Je réponds que non, surtout lorsque les premiers se trouvent dans des terres argileuses et marneuses, réservées aux fins. Je leur démontrerai plus loin que, dans ces derniers terrains, les gros plants produisent beaucoup moins.

Poligny, anciennement d'un abord difficile, a cherché à attirer les acheteurs par le bon marché. Mais, dans ce but, il a dénaturé ses vignes en partie, pour leur faire produire davantage, en arrachant ses bons plants : le pulsard, qui y croissait si bien ; le sauvagnin, le melon (gamay blanc), etc., qui seraient pourtant si nécessaires pour relever les vins inférieurs.

Par contre, le maldoux y est en grande estime, — de même que le gueuche, ou fourra noir, à Lons-le-Saunier et aux alentours.

Quel dommage cependant, de voir à Poligny, dans ces beaux coteaux graveleux et argileux, languir le maldoux, tandis que le pulsard, le sauvagnin, le trousseau (mais non le *troussé*) y croîtraient si bien et y rapporteraient tout autant, sinon plus !

Vignerons de Poligny, qui êtes des hommes laborieux et intelligents, rappelez-vous qu'on disait autrefois : *Arbois le* NOM, *Poligny le* BON ! Oui, je le répète, vos beaux coteaux en fins plants produiraient tout autant, et fourniraient un vin fort en couleur, bon et solide. Vos vins sont appelés dans l'avenir à jouer un beau rôle parmi ceux du Jura. Suivez donc mon conseil et ceux que je vais donner plus loin. Si je blâme ce qui est mal, je dois applaudir à ce qui est bien.

Vous donnez un exemple bon à suivre, spécialement par ceux qui taillent la vigne en corgée. Au printemps, le temps est si précieux que chacun doit s'appliquer à pousser activement ses travaux ; et pour lier la vigne, vous vous faites aider par vos femmes, autant qu'elles en sont capables. Vous fichez l'échalas, faites la première attache (maillons) : vos femmes rabattent et font la seconde. Par ce moyen, vous avancez beaucoup et vos vignes sont bien liées. Pourquoi à Arbois, dont le vignoble est si vaste, et à Salins, n'en ferait-on pas autant ? C'est là pourtant une grande avance et une chose bien praticable.

Pourquoi, par la même cause et en vue du même

résultat, ne taillerait-on pas en automne, lorsqu'on peut le faire avant les froids, assez tôt pour que la coupe ait le temps de sécher ? Ne serait-ce pas encore là une grande avance?

Cette idée s'est souvent présentée à moi. Toutefois je ne prétends pas qu'elle soit sans réplique, et la livre à l'examen et au discernement des bons vignerons, surtout à ceux d'Arbois, qui sont surchargés de besogne au printemps, et qui se trouvent presque toujours en retard.

Mais si j'engage les viticulteurs, en général, à se faire aider par leur famille pour lier la vigne, je suis loin de dire qu'ils doivent l'en charger exclusivement. En effet, la femme est-elle assez forte pour ficher l'échalas, surtout si le terrain est sec? Assurément non. Or,, si Dieu lui a refusé la force indispensable à un tel travail, il n'a pu vouloir lui donner le dicernement nécessaire pour l'accomplir. C'est pourquoi sont si mal liées les vignes méridionales du Jura. On y voit des corgées entassées et bouclées les unes contre les autres, inconvénient qui provient souvent aussi d'une taille défectueuse. Dans cette position, les bourgeons s'entrelacent, le raisin est étouffé à la fleur ou passe mal, et finit par ne pas mûrir, s'il survit.

Dans ces mêmes vignobles, on fait aussi biner *(soumarder)* par les femmes. Presque toutes sont trop faibles pour une aussi rude besogne : aussi s'en tirent-elles mal. Cependant, il faut reconnaître qu'elle n'est guère mieux faite par les hommes, qui, la plupart, ne redoublent jamais le coup afin de défoncer également la terre. Ils prennent 8 pouces de terrain et tirent à eux ; tandis qu'ils n'en devraient prendre que moitié et même moins, puis donner un second coup. Il leur est facile, d'ailleurs, de s'en apercevoir en rebinant.

Et quand font-ils ce travail ? Dès qu'on a fini de lier ! Si l'on est encore au 1er mars, dans les printemps hâtifs, on soumarde néanmoins sans aucune arrière-pensée. Que le sol soit mou, qu'il pleuve même ; que l'on ait une terre froide ou une terre chaude, n'importe, on travaille quand même ! Assurément, je suis loin de blâmer le zèle, l'activité déployés en tout ceci ; mais cependant chaque chose, chaque ouvrage a son temps, et doit être entrepris avec plus de discernement.

Il est reconnu par tous les meilleurs praticiens qu'on ne doit ouvrir les terres froides (argileuses et marneuses) que par la chaleur, peu avant le 15 avril, et même en mai, si la saison est tardive. Il n'est pas moins évident qu'on peut, en deux années, ruiner une vigne par un travail fait mal à propos, lors même qu'on lui donnerait tous les coups de labour usités. Il vaudrait mieux, beaucoup mieux ne lui en donner qu'un seul, ou plutôt un coup de fessoux (houe du vigneron) et un coup de bigot (ou crochet), par le beau temps et la chaleur, que trois par la pluie et le froid : la vigne ne s'en porterait pas plus mal.

Je ne parlerai pas de la *taille*, sujet trop difficile à traiter par écrit. Je conseillerai seulement aux jeunes gens d'aller passer un printemps ou deux à Salins ou Arbois. Ils verront là comment on dresse le cep, comment on doit le charger, suivant qu'il appartient à tel ou tel plant, le maintenir à la hauteur des autres, enfin le tailler convenablement pour le bien lier. Ils y apprendront aussi quand et comment on fossure ou soumarde, etc., etc.

Dès qu'on a fini de lier, on doit donner aux vignes froides un coup de fessoux (ce qui s'appelle *râcler*, en terme du pays), même malgré l'absence d'herbes. Cette opération, faite par le beau temps, a pour résultat la formation d'une légère couche de terre qui, sous l'action immédiate du soleil, recouvre le sol, l'empêche de se dessécher profondément, et, malgré la sécheresse qui pourrait survenir, permettra de biner (soumarder) au moment opportun. Cette poussière, tombant alors sur les premières racines du cep, le fertilise d'une manière étonnante.

C'est bien ici le cas d'utiliser les femmes et les enfants, et l'on ne peut les employer plus à propos, si ce n'est pour *rabattre*.

Mais ce qui précède ne peut s'appliquer aux vignes des terrains chauds ou graveleux, privés de marne et d'argile. Il faut, ici, ouvrir la terre de bonne heure, mais toujours par le beau temps et lorsqu'on ne craint plus les froids. Ce conseil est dicté par l'expérience des meilleurs vignerons, qui sont convaincus, de plus, que partout où existent l'argile et la marne, les fins plants produisent plus que les gros, sans en excepter le fourra noir, qui, comme le chiendent, croît partout. Le sol chaud végétal et graveleux est réservé par eux au gamay, le meilleur des espèces inférieures (l'enfariné, plant dont la culture offre de très-grands avantages dans le Jura, tient le milieu entre les gros et les fins). Le gros noirin y réussit également très-bien, ainsi que le valet noir (*troussé* de Poligny et *tacquet* de Salins). Voilà les plants choisis pour cette sorte de terrain.

Au surplus, l'année 1860 me vient en aide pour prouver ce que j'avance. Voyez les vignes peuplées de fins plants et celles où dominent les gros. Quelles sont les plus chargées de fruits ? La réponse n'est pas douteuse. D'ailleurs, n'y eût-il que l'avantage de vendre plus tôt son vin, que cela devrait suffire pour engager les vignerons à suivre la marche ci-dessus. Mais un autre motif non moins sérieux doit les y déterminer : lorsque nos chemins de fer seront établis, il est tout naturel de penser que les négociants viendront s'adresser aux propriétaires, de préférence aux marchands de vins.

Je signalerai encore un moyen de détruire les pieds d'âne (appelés *taconets* à Arbois), que je tiens des mêmes hommes d'expérience cités plus haut. — Après le premier labour, on doit ne faire le second que du 15 juillet au 15 septembre, à moins qu'on veuille en donner un troisième, ce qui serait encore mieux. Il faut prendre de la poussière séminale de navette, vulgairement nommée *pousse de navette,* la répandre aux endroits où croissent ces pieds d'âne, puis donner le coup de labour par la chaleur, en ayant soin de bien couper leurs racines. Ils périssent alors et disparaissent.

Passons à l'ébourgeonnage, travail des plus essentiels, rigoureusement observé et exécuté par les bons vignerons de tous pays. Quoi de plus nécessaire, en effet? La vigne pousse une infinité de faux bourgeons, soit par le pied, soit sur le vieux bois : si on les laisse exister, ils absorbent la sève destinée à féconder ceux qui portent des fruits. Cette opération est donc des plus urgentes, et doit généralement avoir lieu avant la fleur, excepté dans les vignes trop vigoureuses, où il faut la faire aussitôt après la floraison, même plus tard, si le temps manque. Mais on a soin de conserver sur le vieux bois le plus beau bourgeon, si le pied est trop élevé ponr être rabattu la seconde année, en y laissant à la première taille un nœud seulement. Cette précaution bien simple permet au vigneron intelligent de maintenir tous les ceps à la même hauteur. Plus tard, on recherchera tous les bourgeons dépourvus de fruit, en conservant soigneusement la corgée pour l'année suivante. Enfin, quand la fleur sera passée, les raisins bien noués et offrant une certaine consistance, on rognera le bouton qui se montre à l'extrémité de la corgée, où toute la sève afflue au détriment des bourgeons supérieurs.

L'explication qui précède suffira, je l'espère, pour bien faire comprendre l'opération importante dont il s'agit.

J'ajouterai néanmoins encore un mot. Pourquoi ai-je dû recommander l'ébourgeonnage avant la floraison, en exceptant seulement les fonds dont la végétation est trop puissante ? C'est que, le plus généralement, on a à traiter des vignes maigres, de beaucoup les plus nombreuses, et qui ont besoin de toute l'activité de la sève pour féconder le raisin au moment où il défleurit ; tandis que dans les vignes hâtives, une sève excessive peut le faire filer (passer en corne) et se perdre. Dans ce dernier cas encore, on ne doit plus différer l'opération dès que le fruit est noué, afin de lui donner de la force immédiatement et l'empêcher de rester corinthe.

Au sud du Jura, les vignerons se soucient fort peu de l'ébourgeonnage, ou bien ils le font fort incomplètement : c'est ce qu'ils appellent effeuiller. Ce mot donne la juste mesure du peu qu'ils en pratiquent, et qui consiste à enlever quelques bourgeons au pied du cep au moment du rebinage, tandis que tous les ceps exigeraient d'être tenus l'un après l'autre. Ils font ainsi à la fois deux opérations qui se nuisent mutuellement, et ni l'une ni l'autre n'est bien faite.

Observons enfin qu'en tout ceci les femmes ne

doivent pas être employées, bien que le travail soit peut pénible ; car il faut être à même de bien tailler pour ébourgeonner d'une manière profitable.

Un travail non moins essentiel que les précédents est le *détranchage*, qui consiste à effeuiller et à couper les bourgeons trop longs. C'est avant la variation du raisin qu'il faut s'en occuper, surtout dans les vignes de pulsards. Ce plant délicat, s'il demande à rester abrité sous son feuillage, a pourtant besoin d'air et ne veut pas être étouffé dans ses bourgeons : on peut donc les élaguer et effeuiller en dessous, sans exposer les fruits à l'ardeur du soleil ; autrement, sous l'action subite de ces rayons brûlants, il pourra se dessécher. Pour les autres espèces, cette précaution est moins nécessaire, aussi peut-on *détrancher* lors même que le raisin est varié.

Il est donc très-essentiel de donner de l'air aux raisins qui se trouvent enserrés dans les bourgeons, et principalement lorsqu'on n'a pas ébourgeonné ou que ce dernier travail a été mal fait.

En se rendant à la vigne, on doit se munir d'échalas et d'osiers, afin de relever les ceps couchés par le vent ou ceux qui, trop chargés de fruits, ne seraient plus suffisamment soutenus. On rogne tous les bourgeons trop longs, et on redresse avec soin ceux dont les raisins traînent sur le sol. Dans les cantons de Salins et d'Arbois, on fait très-bien cette opération, dont on comprend toute la valeur. A l'aide de petites fourches (1), on relève soigneusement les raisins du *mouché* (2), qui sont les plus beaux et les plus gros, pour qu'ils ne touchent pas la terre : ce contact les empêcherait de mûrir, en leur communiquant une sève extérieure. Dans les années de sécheresse, ils grisailleraient à peine, et dans les saisons pluvieuses ils pourriraient.

Le but de ce travail est donc de donner de l'air aux raisins, pour leur faciliter une maturité parfaite et les préserver de la pourriture.

On m'objectera peut-être le manque de temps. Je répondrai que cette besogne se fait avant ou après la moisson, et que je ne connais guère de travaux viticoles bien pressants à cette époque.

J'habite actuellement Mauffans, centre de nos vignobles. En parcourant, presque journellement, les localités environnantes, je rencontre à chaque pas des ceps gisants sur le terrain, et chargés de fruits dont on ne s'inquiète guère, non plus que de relever les bourgeons surchargés. Cette négligence inqualifiable s'étend à tous les pieds de vigne, dont les fruits étouffent dans leur ramure. Je vous le demande, vignerons insouciants, comment voulez-vous faire de bons vins en agissant ainsi ! comment voulez-vous que vos raisins ne soient pas malades ! Ne cher-

(1) Ces fourches ne sont autre chose que des brindilles de bois vert, de diverses longueurs, que l'on fend pour y insinuer un petit morceau de bois.

(2) Bourgeon à l'extrémité de la corgée.

chez pas ailleurs la principale cause de la pourriture qui désole vos vignes, et l'impossibilité d'obtenir une maturité convenable, sans laquelle il faut renoncer à faire de bons vins.

J'ai dit plus haut que beaucoup de vignerons, d'accord en ce point avec leurs propriétaires, ne cultivaient le gros plant qu'en vue d'un produit élevé. J'ajoute que le vigneron y trouve une sorte d'avantage, c'est qu'avec le fourra ou le gamay, qui se taillent en corne, il n'a pas besoin de lier, ni par conséquent d'échalas et d'osiers : double économie de temps et d'argent. Cependant, en Bourgogne et dans le Doubs, où l'on taille en corne, la vigne est liée soigneusement après la fleur, en Bourgogne particulièrement, afin d'éviter que le raisin rampe sur le sol et se pourrisse, et pour lui donner de l'air et du soleil.

Il ne faut pas entrer dans les vignes pendant la floraison : c'est un moment critique, le moindre frôlement peut nuire aux raisins.

Quant au rebinage, c'est peu avant ou peu après la fleur qu'on doit s'en occuper. Au midi de notre département, à peine a-t-on soumardé qu'on s'empresse de rebiner ; tout au plus laisse-t-on écouler la quinzaine. Il me semble bien plus convenable, si le premier labour est achevé de bonne heure, d'ébourgeonner ensuite. On laisse ainsi à la vigne le temps de profiter du premier travail, grandement facilité, au surplus, par la pluie qui pourrait survenir dans l'intervalle.

Dans la même contrée, le rebinage consiste tout simplement dans une sorte de grattage. Il est vrai qu'on ne doit pas rebiner profondément ; mais là il serait puéril de le tenter, car, la terre n'ayant pas été défoncée en soumardant, la chose devient impossible.

Malgré mon peu de sympathie pour le maldoux et les gros plants dont la grappe est allongée, je vais indiquer un moyen employé à Arbois pour les faire bien mûrir, lequel s'applique également aux raisins de treilles.

Il consiste à rogner, quelques jours avant la fleur, chaque raisin avec les ongles du pouce et de l'index, principalement le maldoux, dont on retranchera un quart au moins. Vous obtiendrez ainsi de beaux grains, mûrissant également, et qui ne seront pas effilés, noirs en haut, grisâtres au milieu et verts dans le bout.

Des vendanges et de la fabrication du vin.

VINS ROUGES.

Jetons actuellement un coup d'œil sur la fabrication des vins de nos cantons : c'est là un sujet d'une opportunité pressante et incontestable, en présence de l'ouverture prochaine du chemin de fer de Bourg à Besançon. L'expropriation des terrains est prononcée dans toute la traversée du département. Les dépenses occasionnées à la Compagnie concessionnaire par cette prise de possession, jointes aux réclamations réitérées de nos populations, et à la bienveillance qu'elles ont rencontrée au sein du gouvernement, ne peuvent plus permettre de retarder l'établissement de cette ligne, qui nous replacera enfin sur le pied d'égalité avec le reste de la France, au point de vue du transport de nos produits.

Jusqu'à ces dernières années, l'exportation de nos vins s'étendait à l'Alsace, aux Vosges et à quelques cantons de la Suisse. La voie ferrée de Paris à Lyon a fait arriver dans ces contrées les vins de la Bourgogne, et même du Midi. Un moyen de transport semblable va bientôt nous permettre de reconquérir une partie des avantages perdus ; mais encore faudra-t-il lutter contre des produits qui ont leur mérite incontesté. D'un autre côté, des expéditions assez importantes ont été faites par des négociants jurassiens pour Paris et les provinces au-delà. Nos vins ont été assez bien accueillis, mais non sans quelques observations qui s'adressent particulièrement au vigneron, au producteur, et que son intérêt le plus grand l'oblige à mettre à profit.

Ces observations ne me paraissent pas dépourvues de fondement, et je ne pense pas que nos vins, tels qu'ils sont, puissent être livrés au commerce et entrer en concurrence avec les autres vins français. Mais, pour y arriver, sont-ils susceptibles d'améliorations ? Certainement oui ! Je vais essayer de le démontrer.

On soigne les vins, dans le Jura et les départements voisins, comme on le faisait il y a trois ou quatre siècles. Il n'y a eu aucun changement, sinon pour plus mal faire.

En effet, nos ancêtres cuvaient *dans des cuves*. (Il faudra revenir à cet usage.) La plupart, faute de place, les logeaient à la cave : ici était le côté défectueux ; car le gaz acide carbonique emplissant le local et agissant sur les vins vieux en foudre, ne pouvait que leur nuire, y exciter une fermentation, faire remonter la lie, et définitivement les perdre. Aujourd'hui, les mêmes dangers se presentent avec les tonneaux de couche. Au moins nos aïeux qui avaient de la place cuvaient dans ces celliers. Les *grands* novateurs de nos jours ont répudié les anciens vaisseaux pour leur substituer de grands tonneaux. C'est fort bien, mais seulement lorsqu'on ne veut entonner qu'à Pâques ; plus tard même, le mal n'en devient que moindre.

Nos ancêtres ne connaissaient pas le maldoux, ni le gueuche ou fourra ; ils ne cultivaient généralement que les fins plants et sans doute le gamay, qui produit un vin agréable à la bouche, mais plat. Ils ne séparaient rien, cuvaient tous les crûs ensemble, et n'avaient que de bon vin ; ils entonnaient à l'Avent. Depuis, on n'a pas modifié le système des entonnaisons. Seulement, dans nos vignobles, on a dû séparer les cuvées en gros et en fins plants. J'admets ce mode de séparation, car il est bon de prendre les choses telles qu'elles sont. Mais, à Arbois et aux environs, qui opèrent ainsi, la chose a été poussée trop loin. On y cuve des pulsards purs et bien triés, pour faire des vins rouges doux qui finissent ordinairement mal. Ils fermentent à chaque sève, à la variation du raisin et pendant la fermentation de la vendange; en un mot, ils sont en mouvement pendant toute la bonne saison. Aussi arrive-t-il souvent que sans sortir de la cave où ils ont été faits, ils prennent un goût d'acide ou de ferment. Pourtant on ne pourrait guère les loger mieux que dans les bonnes caves d'Arbois et de nos montagnes; mais, dès qu'ils en sortent pour être expédiés dans la Bresse ou du côté de Paris, ils supportent difficilement le voyage et finissent par se perdre.

Il y a 30 à 40 ans, ces sortes de vins étaient demandées par les négociants et débitants des montagnes du Doubs. Mais aujourd'hui qu'ils en ont reconnu tous les défauts et les risques auxquels on s'expose en les achetant, ils n'en veulent plus. Quelques-uns cependant viennent encore les voir dans les caves, et, tout en faisant leur choix, se réservent de ne les accepter que lorsqu'ils seront *finis*, sachant bien qu'un vin rouge doux n'est que commencé : c'est un bel enfant, qui sera sujet à bien des maladies avant d'atteindre l'âge viril.

Comment remédier à tous ces inconvénients? En séparant des bonnes espèces le maldoux, le fourra et peut-être le gamay : encore pourra-t-on laisser celui-ci, s'il est en petite quantité, et le cuver avec le reste. On aura ainsi un vin bon, solide et pouvant s'expédier partout sans faire mauvaise fin.

J'engage donc ceux qui tiennent encore à la qualité, à ne cultiver que le pulsard mélangé soit avec du trousseau, qui donne un liquide fort en couleur et généreux, soit avec du gros noirin, du baclan, de l'enfariné en petite quantité, du sauvagnin et du melon (gamay blanc). Ces plants, cuvés ensemble après une récolte aussi tardive que possible, donneront certainement un excellent résultat.

Quant au canton de Sellières et, à partir de là, jusqu'aux confins méridionaux du Jura, la fabrication y est plus difficile. Ces vignobles contiennent beaucoup de gamay, de fourra noir et de maldoux ; on y trouve également beaucoup de fins plants, qui en général mûrissent tard, le petit noirin excepté. Là, on vendange trop tôt. En effet, comment faire marcher de front la récolte du gamay avec celle du fourra, ou même avec celle des fins plants? L'un est mûr quand l'autre n'est pas varié. Selon moi, il faut y renoncer et faire comme à Arbois : vendanger d'abord les gamays, quelle qu'en soit la quantité, ensuite laisser mûrir les autres espèces et ne les récolter que beaucoup plus tard. C'est le seul moyen d'obtenir de la qualité.

Mais, s'écrieront les empressés, nos raisins vont pourrir ! — Ne mettez point dans vos vignes de terre de pré ni de fumier chaud ; ne rebinez pas si tôt ; ou mieux encore, si vous avez rebiné de bonne heure, donnez à la vigne, avant la variation du fruit, un coup de fessoux pour détruire les herbes qui entretiennent l'humidité avec la fraîcheur des rosées, et vos raisins bravent la pourriture.

En général, il faut vendanger tard et entonner tôt ; cuver avec la grappe en certaines circonstances, par exemple lorsqu'on a pu obtenir une maturité très-avancée. Mais il faut toujours égrapper si les raisins ne sont pas parfaitement mûrs, lors même qu'ils ont été cueillis tardivement ; car les vins qu'ils produiront seront suffisamment verts pour se conserver. Aussitôt que vous aurez entonné et dès que votre vin sera clair, soutirez-le, afin qu'il ne séjourne pas sur la lie. C'est alors que vous jugerez si vous devez y joindre le vin de pressoir, en admettant que vous le traitiez comme il sera dit plus loin. Puis, soutirez une deuxième fois au printemps et enfin une troisième fois à la variation des raisins. Tout autre soin sera superflu jusqu'au printemps suivant.

On ne peut et l'on ne doit attribuer la qualité supérieure et la force en alcool qu'ont ordinairement les vins du nord de notre Jura, de Château-Chalon et des environs, par exemple, quelle que soit l'espèce du plant, qu'à l'époque avancée où s'y effectue la vendange. C'est là un fait irrécusable, qui devrait engager les vignerons des localités situées plus au midi, à suivre la même méthode, et à ne récolter que quelques jours seulement avant les pays ci-dessus. En effet, quand fait-on de bons vins? Lorsque les raisins sont bien mûrs: alors ils contiennent beaucoup de partie sucrée, et chacun sait que c'est le sucre qui fait l'alcool. Quand, au contraire, en fait-on de mauvais? Lorsqu'on est forcé de récolter avant la maturité. Il est vrai que la qualité n'est pas fournie seulement par cette partie sucrée; mais en laissant bien mûrir, on obtient, avec elle, une augmentation proportionnelle des autres éléments. C'est elle, d'ailleurs, avec la partie colorante, qui nous apparaissent le plus évidemment et frappent le plus nos sens.

Soit que l'on cuve avec ou sans la grappe, il ne faut pas consacrer plus de huit jours à cette opération, surtout si la grappe est restée : en dépassant ce terme, le vin se chargera trop de tannin, et l'on aura ce qui s'appelle le *goût de grappe*. Le tannin est le principe conservateur du vin; mais l'excès lui est nuisible, il le détériore en le rendant désagréable au palais. Il est au vin ce que celui-ci est à l'homme : un ou deux verres lui font du bien et lui sont nécessaires, l'excès le grise.

Pour obtenir la plus forte couleur possible, il faut fouler la vendange dès qu'elle est entrée en grande fermentation, mais pas auparavant; l'exciter autant qu'on le peut, afin qu'elle soit promptement en travail. Dans les années tardives, quand la température est froide, on peut, pour activer ce mouvement, jeter sur la cuve une certaine quantité de mou préalablement chauffé jusqu'à première ébullition, mais pas au-delà. La vendange acquiert ainsi la chaleur nécessaire. Dès qu'elle est en pleine fermentation, on la foule trois ou quatre fois par jour: il serait même bien de continuer ce travail pendant la nuit. Par ce moyen, les pulpes ou marcs se trouvent continuellement en contact avec le mou, et l'on sait que c'est la pulpe qui contient la partie colorante. Si l'on ne suit pas ce mode de procéder, la fermentation repousse les marcs sur la superficie du mou, et le vin ne prend point de couleur.

C'est une erreur de croire qu'en entonnant de bonne heure, le vin se conservera mal et surtout sera peu coloré. Opérez comme je viens de l'indiquer, et vous atteindrez un résultat tout opposé: d'une part, votre vin présentera une belle et forte nuance, puisqu'il contiendra toute la partie colorante de la vendange; d'autre part, vous n'aurez absolument rien à craindre pour sa durée, si vous avez eu la précaution de ne pas égrapper, comme je l'ai recommandé tout à l'heure.

En cuvant longtemps, que peut faire votre marc superposé à la surface du vin, sinon lui communiquer sa saveur mauvaise, saveur indéfinissable, à laquelle nos palais sont habitués, à la vérité, mais que les connaisseurs étrangers reprochent même à nos meilleurs produits, et qu'ils prennent aussitôt, bien à tort, pour un goût de terroir : car on doit imputer au marc seul ce défaut désagréable, qu'il faut absolument détruire si nous voulons faire entrer sérieusement nos vins dans le commerce ; sans cela, je ne pense pas qu'on y parvienne jamais.

Toutefois, il est bon de dire qu'en certaines de nos localités viticoles, le vin a effectivement le goût de terroir ; mais on serait dans une grande erreur en supposant qu'on ne peut l'en préserver. Il suffit, dans ce but, de suivre mes prescriptions ci-dessus détaillées. En opérant ainsi, ce mauvais goût restera dans le marc. Voici, du reste, un fait qui m'est personnel, et qui corrobore, en y ajoutant même, ce que j'avance.

Je me trouvais, il y a quelque temps, aux environs de Lons-le-Saunier, dans un village dont les vins rouges ont tous ordinairement un goût de terroir très-prononcé. Cependant, ceux que me fit déguster un riche propriétaire de l'endroit en étaient complétement exempts, contre mon attente. Ayant exprimé ma surprise à ce sujet, en lui demandant comment il les avait cuvés : — Je n'ai laissé fermenter avec la grappe que pendant huit jours, me dit-il ; mais, vous le voyez, la couleur est trop faible. Je lui fis observer que, sans doute, il n'avait pas ou peu fait fouler sa vendange. — Comme je cuve dans des tonneaux de couche, j'ai pensé que ce n'était pas nécessaire. — Continuez, lui dis-je; seulement, à l'avenir faites fouler souvent : vous aurez un liquide aussi bon que celui-ci et suffisamment coloré.

Je vais maintenant décrire les expériences que j'ai faites moi-même, ces trois dernières années.

En 1857 (1), j'ai cuvé avec la grappe pendant huit jours. Au bout de ce temps, mon vin était encore en pleine fermentation et très-louche. L'ayant entonné, il a continué sa fermentation et s'est trouvé clair 48 heures après. Je l'ai vendu un bon prix le vendredi suivant, *même semaine.*

Cet avantage d'obtenir un vin clair et propre à la vente dans un si court délai, doit frapper ceux qui ont besoin de vendre tout de suite pour se procurer de l'argent. D'ailleurs, le commerce demande toujours, de préférence, les premiers vins nouveaux; les vignerons qui pourront lui en offrir en retireront certainement un bon prix. De plus, en écoulant au fur et à mesure, ils n'auront pas à craindre l'encombrement, cause de déperdition très-fréquente et surtout très-fâcheuse, dans les années d'abondance notamment.

Au fait, est-il possible d'expédier des vins louches *tirés sous marc*? Assurément non. A leur arrivée à destination, les acheteurs étrangers aux

(1) J'habitais alors Arbois.

vignobles, ne pouvant s'expliquer la cause de ce trouble, les laisseraient pour compte ; car, dans toutes les autres contrées viticoles de la France, du moins je le suppose, on cuve d'après le procédé que je viens d'exposer.

En 1858, mon vin cuvé également huit jours, avec la grappe, ne s'est éclairci qu'au bout de huit autres jours ; mais alors il était *fin clair ;* tandis que ceux cuvés en raisins égrappés et entonnés tard ont eu bien de la peine à se clarifier ; beaucoup se sont montés.

Ces deux années, je n'ai pas réuni le vin de pressoir au vin de tirage.

Enfin, en 1859, je n'ai cuvé (toujours avec la grappe) que des gros plants ; un quart maldoux, un tiers valet noir, un tiers gamay noir, avec quelques melons (gamays blancs). Ayant laissé bien mûrir, je n'ai vendangé que trois jours après le ban. J'ai écrasé mes raisins comme on le fait à Lons-le-Saunier. Trois heures après l'introduction de cette vendange dans le foudre, elle était en forte fermentation. Je l'ai immédiatement foulée, en répétant ce travail trois fois par jour et pendant trois jours seulement, puis l'ai entonnée le quatrième jour au matin. La fermentation tumultueuse (la plus forte) avait presque cessé, car ce n'est que la présence de la grappe qui l'excite. J'ai pressé de suite, en mélangeant aussitôt le vin de pressoir louche au vin de triage. Au bout de la huitaine, mon vin était clair, propre à la vente, et tellement fort en couleur que l'on ne pouvait voir à travers, dans un petit verre rayé. Il était, de plus, très-franc, vineux, et possédait le bouquet du bourgogne.

Une autre expérience a été faite à Arbois, par M. le notaire Chatelain, sur des pulsards choisis et cuvés avec la grappe, dans une chambre chauffée à 25 degrés.

Le soutirage a eu lieu au bout de six jours, et la vendange foulée souvent pendant la fermentation. Le vin, quoique de pulsards purs, est très-foncé en couleur, n'a aucun goût de marc, possède un bouquet très-agréable, et enfin n'a nullement le goût de terroir qui déplaît tant aux étrangers.

M. Chatelain a continué cette expérience par une seconde que voici : la température étant maintenue à 25 degrés, il a placé du vin ci-dessus dans un petit fût en vidange, puis une pareille quantité d'autre vin de pulsard doux dans un autre tonneau de même capacité, aussi en vidange. Ce dernier liquide s'est louché après 3 à 4 jours, et au bout de 8 s'est aigri ; tandis que le sien est resté brillant et exempt de toute altération.

Je le répète donc, en insistant sur ce point : c'est une erreur de croire qu'en laissant mûrir les raisins le plus possible, le vin ne se garde pas, et principalement celui de gamay ; que, d'un autre côté, *on obtient une moindre quantité*.

Le gamay doit être récolté mûr, mais cependant

pris à point, ainsi que le petit noirin. Le premier, il est vrai, donne un liquide peu vineux, mais assez agréable au palais ; il est nécessaire de le cuver avec la grappe. Pour tous les autres plants cultivés dans le Jura, spécialement les gros, il faut, lorsque la saison le permet, laisser mûrir autant que faire se peut.

Personne ne met en doute que le pulsard et le sauvagnin peuvent être récoltés *trop mûrs*. Dans cette condition, on obtient du premier nos délicieux vins clairets, et aussi de bons vins blancs dont je parlerai plus loin. Le sauvagnin donne un vin blanc généreux, et, mélangé avec le melon d'Arbois, fournit ces agréables vins blancs de l'Etoile, si renommés. Seul, en le laissant vieillir, il produit encore les fameux vins jaunes d'Arbois, dits de garde à Château-Chalon. Son meilleur crû est à Pupillin, où on le laisse arriver à une maturité le plus complète ; souvent même on lui fait subir à dessein l'action de la gelée. Ce dernier fait est bien connu.

J'ai dit plus haut qu'on craignait d'amoindrir la quantité par une maturité trop complète, parce qu'alors le raisin se distend et se ride. On obtiendra peut-être quelques litres de moins en vendange ; mais ce déficit n'est qu'apparent ; on les regagne au double en liquide. En effet, lorsque les raisins sont récoltés avant d'être mûrs, les membranes ou filaments qui adhèrent aux pépins ne se réduisent pas en jus, en mou, et la pulpe reste plus épaisse :

d'où il est facile de conclure qu'on a ainsi plus de marc et moins de vin. Le contraire arrive avec des raisins bien mûrs ; alors les membranes se fondent pour se réduire en mou, et par conséquent viennent augmenter la quantité du vin.

En 1837, arrivant de Champagne, où j'étais resté 7 mois pour étudier la fabrication des vins mousseux par la méthode de ce pays, je voulus essayer les procédés que j'avais vu mettre en pratique. J'achetai donc sur pied beaucoup de fruits de vigne pour les presser en raisin, entre autres la récolte d'un fonds planté uniquement en trousseaux, que je vendangeai très-tard, après tout le reste. L'hiver commença de bonne heure ; mes raisins reçurent 16 et 17 centimètres de neige et gelèrent tout à fait. Je les cueillis dès qu'il fut possible, et les déposai dans une cave chaude pour les faire dégeler. J'en obtins un vin excellent, le meilleur de toute ma cave. L'ayant fait déguster plus tard à un grand connaisseur, un gourmet, M. Jacques Pirouttet, il m'en offrit spontanément un prix très-élevé. Mais je préférai le garder, afin de l'employer à renforcer et bonifier mes autres vins blancs.

J'ai dit plus haut qu'à certaines époques, le cuvage avec la grappe était obligatoire. Voici en quelles circonstances :

Dans les années de sécheresse, lorsque la sève d'août n'a pu avoir lieu, si la pluie tombe quand le raisin est déjà varié, elle amène avec elle cette sève tardive, qui n'a pas le temps de s'élaborer suffisamment dans le raisin avant la récolte; elle lui devient alors nuisible, le fait grossir rapidement; ses grains quelquefois se fendent et, l'humidité aidant, se pourrissent. Il en a été ainsi en 1826, 1858 et autres années dont je n'ai pas pris note. Seulement, en 1858, la terre n'étant que légèrement détrempée, la sève a été très-faible, mais suffisante cependant pour nuire à l'existence ou du moins à la solidité des vins, principalement dans les vignobles qui ne cuvent pas avec la grappe. Beaucoup se sont montés à la fleur et à la variation, ceux surtout qui n'avaient pas été soutirés. Le même accident n'a pas eu lieu, que je sache, chez les vignerons qui cuvent sans égrapper, ce qui prouve que leur exemple doit être absolument suivi dans les années pareilles à celles que je viens de citer. Je ne saurais assez les recommander.

Je répèterai aussi qu'il est de toute nécessité d'entonner de bonne heure, si l'on veut enlever à nos vins, en général, le goût de marc qu'on leur reproche; c'est le seul moyen de les faire entrer avantageusement dans la consommation, en concurrence avec les autres vins français. Je recommande aussi la culture de l'enfariné à ceux qui tiennent au produit; c'est le premier des gros plants; il donne un vin solide, se conservant bien et gagnant beaucoup en vieillissant. Viennent ensuite le gros et le petit baclan, qui portent beaucoup, passent bien en fleur et donnent un liquide coloré et vineux ; puis le gros noirin, et enfin le valet noir d'Arbois, *tacquet* à Salins.

Je me permets, en passant, de conseiller aux vignerons de l'Etoile et à ceux qui, comme eux, cultivent les vignes blanches, d'augmenter le sauvagnin dans leurs vignes, qui seraient alors, à leur grand profit, peuplées moitié en sauvagnin et moitié en gamay blanc.

En entonnant de bonne heure, on obtient un vin franc, net et frais, comme disent les Parisiens. Je cite ceux-ci, car ils sont, en quelque sorte, les juges de tous les vins, qui en reçoivent leur réputation et partant leur valeur. Mais ici vont surgir nombre de contradicteurs ; on dira d'abord et surtout que, dernièrement, les Parisiens n'ont pas fait preuve de beaucoup de tact dans leurs achats chez nous. Le fait est vrai, la conséquence est fausse. En effet, leur but était alors de gagner les droits d'entrée, avant que la banlieue avec l'entrepôt de Bercy fut englobée dans la capitale. (Ils comptaient mal ; mais pouvaient-ils deviner les intentions du gouvernement ?) Pour arriver à leur fin, il leur fallait de la quantité, beaucoup de quantité, de l'apparence, c'est-à-dire de la couleur, — mais nullement de la qualité. Et ils raisonnaient juste, car à Paris, dont la consommation est immense, les petits vins, peu chers, se débitent infiniment mieux que les autres et sont destinés à la classe ouvrière. Les bons vins sont pour les riches ; ceux-ci sont plus difficiles, parce qu'ils peuvent payer le prix ; mais ils forment le petit nombre. Les marchands de Paris, dans cette circonstance, n'ont acheté que ce qu'ils pouvaient revendre avec chance de bénéfice en faisant des coupages. Nos bons vins rouges, tels qu'ils sont, ne pouvant encore convenir pour la table du riche, ont été délaissés par eux, parce que, tels qu'on les traite, ces vins apportent en naissant leur péché originel, le goût de marc ! Détruisons-le donc, et nos produits seront accueillis à Paris avec autant de faveur qu'aucun autre.

Voilà ce qui a eu lieu pour les vins rouges. Il en a été bien autrement pour nos vins blancs, qui se sont enlevés si rapidement qu'il n'en est presque point resté dans les caves? Pourquoi? C'est qu'ils n'avaient pas le défaut qui a été si nuisible à la vente des rouges.

Enfin, comme dernier argument, voici l'opinion de notre honorable compatriote franc-comtois, M. Elie Lanquetin, négociant en vins au grand entrepôt à Paris, et l'un des premiers commerçants de la capitale. Il est président de la commission représentative de l'entrepôt général des vins.

M. Lanquetin a visité, l'automne dernier, les vignobles jurassiens, en commençant par ceux de Lons-le-Saunier, où l'a accompagné mon honorable confrère M. Guyennot, de Courbouzon. A Château-Chalon, il a trouvé excellents les vins blancs de garde. Comme j'ai l'avantage de connaître depuis plusieurs années M. Lanquetin, il me fit l'honneur d'une visite en passant à Arbois. Je lui offris de le conduire à Montigny-les-Arsures, pour y déguster les vins des meilleurs crûs. Nous entrâmes, entre autres, chez M. le docteur Bergeret, qui s'empressa de mettre ses caves à notre disposition.

Partout, dans cette petite tournée, j'ai reconnu que M. Lanquetin préférait de beaucoup les vins entonnés de bonne heure, à ceux dont l'entonnaison avait été retardée. Il attribuait à ceux-ci une saveur particulière qu'il ne pouvait définir, et qu'en fin de compte il nommait *goût de terroir*. Ayant passé la soirée avec lui, je lui expliquai comment nos vins étaient cuvés, et il demeura convaincu, ainsi que moi, que ce goût désagréable devait provenir uniquement du mode défectueux de fermentation auquel nous les soumettons, et du peu de soin qu'ils reçoivent ensuite. Il me parut aussi accorder aux vins de plants mélangés (pulsard, trousseau et sauvagnin) la préférence sur celui de pulsard seul ; ce dernier était placé par lui après celui de trousseau pur, qu'il jugeait digne d'une certaine faveur.

A son départ, il m'a engagé de conseiller à mes compatriotes des soins mieux entendus dans leur fabrication.— « Vous avez de bons vins, me disait-il ; mais il y a beaucoup à faire pour les perfectionner. » Je renvoie, au surplus, mes lecteurs à une lettre qu'il a adressée à M. Guyennot, et qui a été insérée dans la *Sentinelle du Jura*, le 9 décembre 1859, n° 147.

On doit éviter de cuver dans une cave fraîche, en raison du dommage qu'en peuvent éprouver les vins vieux qu'elle renfermerait. Un cellier susceptible d'être chauffé convient beaucoup mieux, et il est à propos d'y entretenir une température de 20 à 25 degrés, afin d'y exciter la fermentation, qui demande à être activée autant que possible.

Il est absolument nécessaire d'emplir promptement et tout à fait la cuve ou le foudre destiné à recevoir la vendange. Si celle-ci y est jetée à plusieurs reprises, à des intervalles trop longs, la première partie aura presque achevé sa fermentation tumultueuse, lorsqu'une autre couche lui sera superposée. Cette lenteur malencontreuse est des plus nuisibles, soit pour la qualité, soit pour la conservation.

Aujourd'hui, le commerce demande surtout des vins fortement colorés. Lorsqu'une vigne renferme beaucoup de raisins blancs, il faut les cueillir et les presser séparément, et en jeter le mou sur la vendange rouge. La pulpe du raisin blanc absorbe la partie colorante du raisin noir. En suivant ce mode d'opérer, on aura autant de couleur que s'il n'existait point de raisin blanc dans la vigne. On opèrera de même si la pourriture a atteint beaucoup de fruits.

Pour attendre la maturité complète, on récoltera à l'avance les raisins pourris, pour les utiliser de la manière indiquée ci-dessus. Cette précaution préservera de tout danger ; autrement on risque de faire de mauvais vin, difficile à s'éclaircir et sujet à se gâter.

Le même procédé est également bon à l'égard des raisins attaqués de la maladie connue sous le nom d'oïdium ; mais on se gardera bien d'en jeter le mou dans la bonne vendange. Seulement, si l'on en a une certaine quantité, on le cuvera seul, et l'on verra ce qu'il deviendra avant de le découper.

Le vin de pressoir peut obtenir une grande amélioration, étant traité comme suit :

On remplit un foudre à moitié seulement, ou un peu plus, avec du marc pressé sur lequel on jette le vin sortant du pressoir, qui y reste dix à quinze jours, ou plutôt jusqu'à ce qu'il soit clair ; car il peut l'être avant ce délai. Dès qu'il le devient, on le soutire. Il n'a plus alors le goût de pressurage, et peut sans inconvénient être ajouté au vin de tirage. Ordinairement, il est très-difficile à s'éclaircir ; par le procédé ci-dessus, il se clarifiera de suite, sans qu'on soit obligé de le soutirer plusieurs fois, et personne ne se doutera de sa nature première.

Les vins rouges destinés à être mis en bouteilles peuvent l'être au bout de deux années. Il ne faut pas les laisser trop se faire, et l'on doit tenir les bouteilles couchées après les avoir remplies. Mais si l'on a du vin rouge doux, il faut lui laisser perdre entièrement sa douceur, et ne le mettre en bouteilles qu'une année ou dix-huit mois après. Cependant quelques personnes aiment les vins rouges doux et tiennent à en avoir en bouteilles. Dans ce cas on les tiendra debout : car, si on les couchait, le vin fermenterait au moment de la fleur ou des autres époques de la vigne. Outre qu'il ferait sauter les bouchons, il deviendrait fort mauvais.

VINS BLANCS.

Pour faire de bons vins blancs, c'est encore la grande maturité qu'il faut chercher à obtenir, puis presser en raisins et promptement. C'est principalement lorsqu'on veut employer des raisins noirs qu'il faut agir avec le plus de célérité : plus on y apportera de lenteur, plus le vin prendra de couleur. Dès que le pressoir ne peut serrer, il faut le refaire, c'est-à-dire le desserrer, recouper et represser aussitôt. Ce travail exige donc des hommes vifs et actifs.

Le vin blanc de raisins noirs, pressé comme je viens de l'indiquer, restera, après sa fermentation, toujours d'un beau blanc, tandis que celui de raisins blancs tirera au jaune, mais il est facile d'éviter ce défaut en méchant à chaque soutirage avec 1/4 ou 1/5 de mèche par 300 litres. Cette quantité n'étant pas dépassée, le vin ne prendra pas le goût de mèche.

Pour faire du vin rosé ou clairet, il faut ne prendre que les grains, afin que la vendange n'ait qu'une légère fermentation, et ne pas mècher du tout, car la mèche lui ôterait sa couleur.

Pour l'un comme pour l'autre, on doit choisir une cave fraîche, entreposer le mou dans une cuve, jusqu'à ce que l'on voie des crevasses sur la lie ou crasse qui s'est formée à la superficie; alors on le soutire pour le transvaser dans un autre vaisseau. Quelques-uns le collent à la seconde cuve ; dans ce cas il demande à être soutiré dès qu'on juge que la colle est descendue, afin qu'elle ne remonte pas par l'effet de la fermentation, en s'assurant bien que le mou n'est pas encore en travail, car il ne prendrait pas la colle. Cela fait, on le mettra en tonneau, et il sera bon et utile de le soutirer une troisième fois, 15 ou 18 heures après, en le logeant définitivement autant que possible dans de petits fûts, si c'est du vin blanc fin.

La fermentation s'en étant emparée, il ne faut plus le soutirer que lorsqu'elle est à peu près achevée, vers la fin de janvier ou février. A cette époque, on le soumet à quelques soutirages, en mèchant légèrement à chacun. La mèche blanchit, précipite la lie, dégraisse et par conséquent éclaircit le vin. Il arrive même souvent qu'on peut se passer de la colle, et que la clarification se produit par l'effet de ces simples soutirages.

Quand les vins restent doux et qu'on veut les mettre en bouteilles, on les soumet à la colle de poisson (1), au mois de mars, au plus tard en avril. Lorsqu'il sont passés au sec, c'est-à-dire qu'ils ont perdu leur douceur en tout ou en partie, si l'on n'est pas parvenu à les éclaircir par les soutirages indiqués ci-dessus (lesquels peuvent être faits même plus tôt, quand la fermentation est avancée), il faut les coller, soit au sang de bœuf, soit à la gélatine. Enfin, on a soin de les préserver de tout contact avec la lie au moment de la pousse de la vigne, époque où ils rentrent ordinairement en fermentation. Sans cette précaution, ils pourraient contracter un mauvais goût et perdre leur finesse.

Ils ne doivent pas rester sur la colle plus de 8 à 10 jours, dans la crainte que la lie ne remonte par l'effet du travail que sa présence tend à provoquer. Ceci est fréquent : donc, pas de négligence!

Le meilleur vin blanc, même à mettre en bouteilles, doit se faire avec moitié sauvagnin et moitié melon d'Arbois (gamay blanc), en laissant ces deux plants arriver à parfaite maturité ; et pour mieux faire encore, il conviendrait de le composer, par tiers, de raisin noir (fin plant), de sauvagnin et de melon. Ce n'est pas que le vin fait entièrement avec des raisins noirs fins, de diverses sortes, soit à dédaigner : c'est peut-être le meilleur, il est moins capiteux ; mais il faut le presser activement. C'est d'ailleurs ainsi que doit se faire le bon vin clairet,

(1) Voir plus loin la recette des colles.

mais en égrappant ces divers fins plants pour lui donner de la couleur : plus le vin clairet ou rosé est coloré, plus il est beau et recherché. Fait avec du pulsard pur, il a un goût d'acide très-prononcé.

Tous les vins blancs, en Champagne, proviennent de raisins noirs de divers plants ; c'est ce mélange qui donne un vin si agréable au palais.

Il en est de même pour les raisins blancs que pour les noirs. Chacun d'eux a son goût particulier, donne un vin spécial. Le mélange coupe toutes ces saveurs, tous ces bouquets divers, pour n'en former qu'un seul, bon, agréable et indéfinissable. Aussi ai-je déjà conseillé cette fusion à l'égard des vins rouges.

Les vins blancs destinés à être mêlés aux rouges, soit pour les rendre secs, soit pour les renforcer ou les rendre plus agréables, doivent être cuvés quelques jours avant le pressurage, et même presque immédiatement (1). En voici la raison : Les vins pressés au sortir de la vigne sont à l'instant séparés de la pulpe et de la grappe, auxiliaires puissants de la fermentation, qui, par cette séparation, est notablement ralentie. Voilà pour les vins doux. Pour atteindre le but contraire, il faut laisser ces principes excitants dans le mou, faire fermenter le tout, et presser : on aura le *vin blanc cuvé,* qui, pour être bon, beau et blanc, doit se traiter d'après les principes généraux exposés

(1) C'est le moyen de les obtenir clair.

ci-dessus. La boisson qu'on obtient ainsi est la plus salubre; elle est souvent ordonnée dans certains cas en médecine : c'est enfin celle dont feront certainement usage les vrais amateurs de vin blanc. Elle est moins capiteuse et donne moins sur es nerfs que si l'on avait pressé au sortir de la vigne.

Telles sont les précautions à prendre et le travail à faire pour arriver à de bons résultats, soit qu'on veuille mettre en bouteilles, soit qu'on doive consommer en fût.

Les mêmes maladies atteignent les vins rouges et les vins blancs; ceux-ci, cependant, en contractent quelquefois une qui leur est spéciale, et qui épargne presque toujours les autres : ils tirent à la graisse. Cet accident arrive rarement aux rouges : toutefois ils peuvent en être attaqués également. Pour les guérir, il faut, après les avoir soutirés et méchés, mais plus légèrement les rouges que les blancs, mettre dans un fût de 300 litres un demi-litre de tannin (1), puis un litre ou deux de 3 6 bon goût, agiter le vin comme pour le coller, et même plus longtemps, mais se bien garder d'y ajouter aucune colle.

En ce qui concerne la fabrication des vins mousseux, dits *façon* champagne, je n'en dirai que peu de mots : c'est un travail particulier, qu'on ne peut

(1) On en trouve toujours à Avize (Marne), chez M. Ducognon, qui en est fabricant.

apprendre que par la pratique. Toutefois, si quelques-uns de mes lecteurs désiraient des renseignements, je me mets entièrement à leur disposition.

Je me bornerai donc à indiquer ici un moyen simple et facile de clarifier ces vins. Il consiste à presser essentiellement avec la grappe et de les soutirer plusieurs fois en février et en mars, en mèchant légèrement chaque fois.

Si l'on parvient à les éclaircir *sans les coller*, on les met en bouteilles en avril ou en mai. Cette sorte de vin blanc ne fera pas de dépôt et n'occasionnera pas de casse.

On tiendra les bouteilles debout; ils prendront une mousse légère et conserveront leur douceur. On pourra les coucher dans le courant de l'hiver suivant.

Remarquez bien qu'il ne faut jamais chercher à éclaircir par le collage les vins blancs doux, passé fin avril ; autrement la colle exciterait une fermentation et produirait un effet tout contraire.

Arrivons au vin blanc de *garde*, appelé *vin jaune* à Arbois. Il faut le faire avec du sauvagnin SEUL, qu'on laissera bien mûrir, ou plutôt qu'on ne récoltera qu'après la gelée ;—ne lui donner qu'une seule cuve, si on le presse; mais ne jamais le coller, ni en cuve, ni en fût ; — le soutirer une seule fois, en mars ou avril ;—tourner la bonde de côté, et le laisser ainsi 10 à 12 ans avant de le mettre en bouteilles. Tel est le procédé. Une fois en bouteilles, il n'acquiert plus de bouquet : c'est pourquoi l'on doit attendre qu'il soit suffisamment parfumé.

Ce vin, sujet à beaucoup de fermentations avant d'arriver à bonne fin, est souvent acide ; mais il se guérit fréquemment en veillissant. Il ne faut jamais le placer sur des foudres, où il pourrait s'aigrir: mais bien sur des mâts, près de terre, au nord de la cave. On le préservera surtout des rayons du soleil, auxquels donnerait passage le *larmier* (soupirail). Le fût ne doit absolument pas être *ouillé*, c'est-à-dire qu'il faut le laisser en vidange ; autrement le vin serait privé de bouquet. J'en ai vu rester 20 ans en tonneau, ouillé avec d'autre bon vin vieux, et qui n'avait pas plus de bouquet qu'à l'âge de deux ans. C'est donc la vidange qui excite le développement du bouquet.

J'ai connu un propriétaire qui, au bout de 3 à 4 ans, lorsque son vin de garde avait perdu entièrement sa douceur, qu'il commençait même à perdre le goût de sec, l'exposait en vidange, pendant les chaleurs, à l'ombre dans une grange. « — Par ce moyen, me disait-il, je l'avance de 3 ans dans une seule saison. » Il roulait même les fûts sans précaution d'un endroit à un autre, puis les remettait en cave pendant l'hiver.

On fait aussi des vins jaunes en cuvant la vendange. Ceux qui opèrent ainsi prétendent qu'il ne faut pas attendre même aussi longtemps, parce que la fermentation amoindrit de suite la partie sucrée.

De mon côté, je pense que ces vins risquent moins de tirer à l'acide; ce qu'il y a de certain, c'est qu'ils sont avancés de fait. Reste à savoir s'ils développent un bouquet aussi parfumé que s'ils étaient pressés. Dans tous les cas, ils ne doivent pas être cuvés longtemps.

A l'égard des vins dits *de paille*, je me bornerai à faire observer qu'on peut les avancer en les exposant à la chaleur après quelques années de cave. Ils réclament les mêmes soins que les vins jaunes. C'est, d'ailleurs, un produit de fantaisie qui n'entrera jamais dans le commerce, à cause de son prix élevé. Les vins d'Espagne et autres lui font une trop rude concurrence et pour la quantité et pour le prix.

Nouveau procédé pour faire de bons vins dans les mauvaises années.

Après de nombreux essais, j'ai réussi à trouver le moyen de faire de bons vins chaque année, lors même que la maturité, fortement contrariée par le temps, laisserait beaucoup à désirer. Evidemment mon procédé devient inutile si le contraire a eu lieu. Mais si le raisin n'a pu mûrir suffisamment, il est facile d'augmenter de moitié la qualité qu'on obtiendrait, même de la doubler, et d'obtenir en même temps une belle couleur, sans ajouter aucune partie colorante.

Mon procédé est simple, hygiénique, et l'homme

le plus scrupuleux peut l'employer sans crainte. De plus, il n'augmente en réalité le prix de revient que de 50 centimes à un franc au plus par hectolitre.

Assurément je ne suis pas le seul qui connaisse ce moyen ; mais c'est dans son application juste et économique que se rencontrent les difficultés, chaque récolte, chaque vigne même présentant des différences marquées quant à la maturité, suivant les différents plants qui peuplent un même fonds. C'est là ce qui empêche de donner des principes généraux pour la mise en pratique de ma méthode, et m'oblige à ne la communiquer que de vive voix. On aurait tort, d'ailleurs, de croire qu'elle offre aucune complication : au point où j'en suis arrivé à cet égard, par des expériences faites avec soin et à plusieurs reprises, l'homme le moins instruit, le plus inexpérimenté en fera facilement un usage avantageux et à peu de frais.

Mes essais ont commencé en 1827, dont la récolte donna d'assez bons vins. Cette année-là, ayant pris de la vendange d'enfariné *seul*, sans aucun mélange, je la partageai, seau par seau, entre deux tonneaux d'égale contenance. Par les moyens ordinaires, je devais assurément obtenir un même vin. Mais, ayant appliqué mon procédé à l'un de ces fûts, j'en retirai un vin qui me fut payé sans difficulté 30 francs l'hectolitre, tandis que l'autre ne se vendit que 15 fr. Je remis 3 hectolitres du premier à un de mes amis, pour voir ce qu'il deviendrait. Mis en bouteilles au bout de dix-huit mois, ce vin fut trouvé parfait, et, réservé exclusivement pour le dessert, il se conserva très-bien jusqu'à la fin.

Ceux donc qui voudront traiter avec moi s'adresseront à Mauffans, près Sellières (Jura), où est mon nouveau domicile, soit en personne, soit par correspondance. Je leur fournirai tout ce qui est nécessaire, au plus bas prix et aux conditions les moins gênantes. Ils peuvent, du reste, compter sur mon entière discrétion.

Distillation des marcs.

Nous avons, en ce moment, deux sortes bien distinctes d'alambics dans le Jura.

L'alambic nouveau, à la vapeur, vaut-il mieux que l'ancien? Je pense que non. Toutefois, j'estime qu'on devrait adapter à ce dernier un serpentin en étain ou en cuivre étamé, en étamant également la tête ou son chapiteau.

Les produits de l'un et de l'autre sont bien différents et faciles à reconnaître. L'eau-de-vie faite à la vapeur peut avoir moins le goût de marc que celle faite à l'ancien alambic. Est-ce là une amélioration? Je crois encore que non. Ce qui le prouve, c'est que l'eau-de-vie de marc est plus chère que l'autre, qui provient de 3/6 de betteraves et autres céréales. Ces sortes de 3/6 sont tellement abondants, qu'on en emploie une grande quantité à *allonger* les eaux-de-vie de nos pays. Qu'on ne s'efforce donc pas d'enlever à ces dernières leur goût de marc, puisqu'elles sont recherchées, mais qu'on travaille à les perfectionner, soit en les rendant moëlleuses, soit en leur faisant donner une plus grande quantité.

L'eau-de-vie fabriquée par l'alambic à vapeur est sèche, on dirait un dédoublage. Il est évident qu'il produit beaucoup plus vite, mais il donne une quantité et une qualité inférieures : c'en est assez pour faire apprécier le mérite de cet appareil.

Voici un procédé que je tiens d'un bon chimiste de Paris, et qui procurera un avantage certain à ceux qui, se servant de l'ancien alambic, désirent en perfectionner le rendement, sous le double rapport de la qualité et du produit. Il consiste à remettre en fermentation les marcs au sortir du pressoir. Pour cela, on les place dans un foudre avec un peu plus d'eau qu'il n'en faut ordinairement dans l'alambic pour les distiller. On y ajoute ensuite de l'eau chaude pour exciter la fermentation. — Il ne faut pas craindre d'introduire de l'eau ainsi fermentée dans l'appareil : par là, on évite le goût de brûlé et de fumée, qui arrive presque toujours lorsqu'on n'en met pas assez. Il est absolument essentiel aussi de ne distiller qu'après la fermentation bien achevée ; autrement il y aurait perte en quantité.

Le procédé ci-dessus est surtout *obligatoire* pour ceux qui font beaucoup de vins blancs pressés.

Presque tous l'entreposent dans une cave au sortir du pressoir, et le laissent là, à sec, bien serré ; faute d'eau, il s'y échauffe, se brûle, et donne tout au plus le tiers de ce qu'il devrait rendre, quelquefois rien, parce qu'il n'a pas pu fermenter.

Il est vraiment étonnant de voir, au temps où nous vivons, des gens se rendre si peu compte de ce qu'ils font en travaillant.

Ainsi, on a généralement l'habitude de vider l'alambic dès qu'on ne voit plus brûler les flegmes (la blanche), lorsqu'on en jette une légère partie sur la tête de l'alambic, en cherchant à y mettre le feu avec une allumette. Et cependant cette *blanche* contient encore assez d'alcool pour qu'on puisse continuer la distillation, car elle montre 8 à 10 degrés au pèse-vin. Si l'on avait à distiller du vin au même titre, le jetterait-on ?... C'est donc une perte bien maladroite, dont on s'aperçoit surtout lorsque les eaux-de-vie sont chères, et qui, pour être évitée, ne demande qu'un peu plus de temps; quant au combustible, il en faut très-peu pour alimenter l'alambic une fois qu'il est en marche.

A l'aide d'un pèse-vin, chacun se rendra facilement compte de ce que j'avance. Je me suis toujours servi d'un grand alambic, en y mettant 12 à 15 litres d'eau de plus, pour les retirer en flegmes (blanche) qui me représentaient un seau d'autre liquide pour la cuite suivante.

Dans les vignobles où l'on a l'habitude de séparer

les raisins de leurs grappes, celles-ci sont ordinairement lavées, puis exposées au soleil pour les faire sécher. Elles pourraient être utilisées bien plus avantageusement, puisqu'il serait possible d'en tirer de l'eau-de-vie, surtout lorsqu'elle est chère, en opérant ainsi :

Au lieu de les laver on les met, bien tassées, dans une cuve ou un tonneau debout ; puis on les couvre d'eau dont une partie a été chauffée jusqu'à 25 à 30 degrés, chaleur ordinaire de la vendange en travail. La fermentation de ces grappes étant *bien complète*, on les distille. Il suffit de bien serrer ces grappes dans l'alambic et de les couvrir avec la même eau dans laquelle elles ont fermenté. On obtient par là une quantité suffisante d'assez bonne eau-de-vie, qui couvre et au-delà les frais qu'elle a occasionnés.

Des soins à donner aux fûts vides et aux vins en cave.

Avant de donner quelques recettes pour le collage des vins, et les procédés propres à enlever les mauvais goûts qu'ils auraient contractés, il convient d'indiquer les soins que demandent les fûts vides, et le moyen de les conserver en bon goût, afin de pouvoir s'en servir en tout temps.

C'est une chose bien simple et bien facile ; mais la négligence et la routine se rencontrent encore là. Les vieux routiniers ont l'habitude, dès que leurs fûts sont vides, de les ouvrir pour les essuyer à peine, et de les laisser ainsi ouverts jusqu'à ce qu'ils s'en servent de nouveau. Voilà ce qu'on remarque chaque jour dans les caves. Il en résulte que les miasmes provoqués par la fermentation des tas de racines, de jardinage, etc., qui y sont habituellement déposés, s'insinuent dans ces tonneaux, se fixent à l'intérieur contre les douves, et les empoisonnent. Si de plus les caves sont humides, les douves se couvrent de moisi. Voilà la cause et l'origine des mauvais goûts.

Aucuns détritus ne doivent être mis à la cave, surtout en été. On doit y ménager un courant d'air du nord au couchant ou au levant, mais jamais au midi, de telle sorte que les rayons du soleil n'y puissent pénétrer. S'il y existe des ouvertures pouvant leur donner accès, il faut y placer des contrevents qu'on ouvre le soir seulement. Les larmiers doivent être établis proportionnellement à la grandeur de la cave. Le trop d'air lui est nuisible, aussi bien que le trop peu. Il faut, en un mot, la tenir propre et convenablement aérée.

Aussitôt qu'un foudre est vide, on doit le bien rincer à l'aide d'une brosse de racines ou d'un tronçon de balai, jusqu'à ce qu'il soit aussi propre qu'au moment d'y remettre du vin. Dès qu'on en est sorti, on l'égoutte avec une éponge ou un vieux linge, de manière que le tonneau soit sec dans les 24 heures.

Si la cave est trop humide ou n'a pas assez d'air, on prend un réchaud plein de braise qu'on allume dans l'intérieur du tonneau, en mettant dessous un récipient quelconque pour recevoir les parcelles de feu, qui, en s'échappant, brûleraient les douves. Le foudre ou tout autre tonneau ne restera ouvert que 48 heures après qu'il est sec. Ensuite on le fermera et le mèchera; une demi-mèche suffit pour une contenance de 10 à 12 hectolitres; une tout entière pour 20 à 25 (1). La mèche, trouée d'un bout, se fixe à un fil de fer de 30 à 40 centimètres; après l'avoir allumée, on l'insinue dans le tonneau par la bonde, qu'on referme bien, sans crainte d'accident. Aussitôt on ouvre le fausset, et l'air contenu dans le fût en sort, refoulé par le gaz sulfureux. Quand l'odeur du soufre se fait sentir, on replace le fausset. Enfin, la mèche ayant eu le temps de brûler, on retire le fil de fer, on remet la bonde suffisamment garnie de vieux linge, et on la serre bien. C'est toujours avec du linge, et non des cendres, qu'on doit la garnir.

Quand vient le moment de se servir du foudre, on le lave bien à la brosse pour enlever le soufre qui repose contre les douves, soit qu'on veuille y mettre de la vendange ou du vin. Ainsi, avec peu de temps et peu de frais, on aura toujours des fûts tout prêts et jamais de vin taré.

(1) Les mèches rouges, dites de Strasbourg, sont les meilleures.

On opère de même pour les petits tonneaux, qu'il faut rincer à la chaîne tout d'abord, les laisser égoutter 48 heures sur leur bonde, mècher suivant leur capacité, un quart de mèche pour 300 litres, et bonder.

Comme je l'ai dit plus haut, il faut avoir soin de tenir ses caves propres, afin d'y entretenir un air sain et frais. Par ce moyen, on évitera les fermentations produites par les miasmes qui corrompent l'air.

Il faut aussi, au commencement de la floraison de la vigne et de la variation des raisins, desserrer les bondes des tonneaux contenant du vin de l'année précédente. Pour faire cette opération convenablement, on frappe à petits coups contre la bonde, en prêtant l'oreille. Si le tonneau ne souffle pas, on resserre la bonde immédiatement; si, au contraire, on entend le gaz s'échapper, on la laisse desserrée, mais non enlevée, pendant 24 heures; puis on la referme. Cette opération se renouvelle une seconde fois deux ou trois jours après; si le vin pousse encore, il faut le soutirer de suite, en ayant soin de mècher le fût dans lequel on le transvasera, afin d'arrêter la fermentation. Mais, dans le cas où la place manquerait pour effectuer ce soutirage, il faut répéter l'opération jusqu'à ce qu'enfin la fermentation soit terminée. Pour s'en assurer, on se penche sur la bonde, et si le gaz monte au nez, c'est que le vin est encore en travail.

Il est évident qu'en suivant les conseils donnés plus haut, relatifs aux soutirages, l'opération ci-dessus est inutile. Mais souvent, faute de place ou de temps, et même par négligence, on n'a pu soutirer. Enfin, si le vin venait à monter, c'est-à-dire se mêler à la lie par suite d'une fermentation souvent insensible, il faudrait soutirer sans retard, dût-on se servir de cuves bien propres pour y entreposer le vin pendant qu'on rince le tonneau destiné à le recevoir définitivement. Ces cuves seront nécessairement fermées le mieux possible, au moyen de couvertures ou de draps de lit propres, auxquels on superposera une table ou des planches. Il serait mieux encore d'y étendre à la surface, à raison d'un litre par hectolitre, du 3/6, quelle qu'en soit la nature: de vin, de betterave, ou autre, pourvu qu'il soit franc de goût et au degré ordinaire. Si auparavant on veut le déguster, on le dédouble avec de l'eau. Puis, l'ayant vidé sur une assiette posée à fleur du vin, il se répand à la superficie, surnage, et empêche tout contact avec l'air extérieur. Cela fait, après avoir méché le fût un peu plus fortement qu'on l'a dit page 60, on y vide du 3/6 en même quantité que ci-dessus, si le vin est bien monté, et dans la proportion d'un litre pour 300, s'il l'est peu.

Le vin étant dans le tonneau, on le colle 24 heures après, si l'altération a été grave; dans le cas contraire, il faut attendre un mois, et, s'il n'est pas clair, y introduire 10 grammes d'alun en poussière dissous dans un peu d'eau et battu comme de la colle d'œufs; ensuite, après avoir mis le vin en mouvement, tourner encore et coller fortement. Ne pas craindre d'y mettre du 3/6, il ne fait de mal qu'à la bourse.

L'opération, toutefois, n'est pas achevée, car il importe de soutirer encore une fois dès que la clarification est complète, au plus tard au bout de 8 jours, que le vin soit clair ou non; autrement, le goût de monté entraîné dans la lie restant en contact avec le vin, tout serait à recommencer.

Quand le vin est peu monté, il suffit souvent de le soutirer et d'y ajouter du 3/6.

A l'époque des entonnaisons, on peut le repasser sur le marc, mais l'y laisser peu de temps; on le recoupe ensuite avec du vin nouveau, dont la dégustation détermine la quantité.

Enfin, je conseille à ceux qui le peuvent d'avoir toujours en cave un foudre de vin blanc vieux de sauvagnin, destiné à remplacer le 3/6 pour aviner les vins qui en auraient besoin, et pour en mettre dans ceux qui ont fermenté. C'est le remède à tous les accidents, surtout lorsqu'il s'agit de remonter des vins trop faits ou manquant de vinosité, celui de gamay, par exemple.

Recettes pour les diverses colles.

Toutes s'emploient de la même manière. On commence à mettre en mouvement le vin, avant d'insinuer la colle dans le tonneau. Pour les foudres de 30 à 36 hectolitres et au-dessous, on prend un bâton d'une grosseur proportionnée à la contenance qu'on veut coller, et on remue le liquide en tournant toujours dans le même sens, fortement et vivement. Dès que le vin tourne sur lui-même, on introduit promptement un tiers de la colle, qui doit être placée de manière à pouvoir la saisir sans perdre de temps, car il faut qu'elle tombe dans le vin pendant qu'il est en mouvement ; sans cela elle arriverait tout d'un trait au fond du tonneau, et manquerait son effet. On agite une seconde fois immédiatement, on verse un autre tiers de la colle, en tournant toujours; enfin on introduit le surplus au bout d'un instant. Le fût reste alors ouvert pendant 6 heures, afin que la pression de l'air agisse sur le vin. Il faut toujours qu'il y ait un peu de vidange.

Pour les foudres de grande capacité, dont il est impossible de remuer suffisamment tout le contenu, on agite en tous sens avec une bûche de bois aplatie, en forme de spatule; mais c'est ici qu'il faut déployer le plus de vigueur et de célérité, pour éviter l'inconvénient signalé ci-dessus.

Il ne faut pas laisser trop longtemps les vins sur colle ; en été, on doit les soutirer avant les époques de la vigne, et, *absolument*, chaque fois qu'on cuve de la vendange dans la cave où ils se trouvent. En hiver, le danger est moindre.

COLLE DE POISSON.

C'est la plus difficile à préparer. Si elle est bien faite, 30 grammes environ colleront convenablement 300 litres de vin blanc nouveau, doux et très-chargé en lie. Il en faut moins s'il est passablement clair. — 15 grammes suffisent pour la même quantité d'eau-de-vie ou de vinaigre, en y ajoutant, comme pour le vin blanc, une poignée de sel dans l'eau qui doit servir à la dissoudre.

Prenez donc 30 grammes de colle de poisson en feuilles, coupez-la par petits bouts très-minces, avec des ciseaux. Mettez-la infuser 10 à 12 heures dans de l'eau à une température ordinaire (15 degrés environ); il est possible qu'un temps moins long soit suffisant. Dès qu'elle devient blanche, et qu'en la serrant entre deux doigts elle s'écrase facilement, jetez l'eau, et, avec le pouce, broyez dans le creux de la main une partie de cette colle, jusqu'à ce que, bien réduite, elle ressemble précisément à de la pâte de farine, et qu'on ne voie plus de filaments. Si elle devient trop dure en la pétrissant, ajoutez-y une goutte d'eau, avec précaution, afin de n'en pas trop mettre ; ou bien trempez-la vivement plusieurs fois dans de l'eau fraîche, jusqu'à ce qu'elle soit bien décomposée. Alors on la divise par petites parcelles dans un seau ou autre vase bien propre, où l'on a mis d'abord un litre et demi ou deux litres d'eau. Puis, à l'aide d'un fouet ou spatule formée de la réunion de quelques petites branches de bois écorcé, vous l'agitez fortement pour la bien diviser et lui donner une ressemblance presque complète avec le lait. Cela fait, filtrez-la au moyen d'une passoire épaisse ou d'un linge clair; rebroyez encore les pellicules qui auraient été mal écrasées en premier lieu; passez-la de nouveau dans un peu d'eau, agitez-la et filtrez-la de la même manière. Réunissez alors ce liquide laiteux, en y laissant tomber un peu de vin pendant que vous l'agiterez. Il sera d'abord épaissi par le vin; mais des additions vineuses successives et légères, aidées toujours du même mouvement, le liquéfieront définitivement, et la colle sera faite.

La plus grande précaution à prendre consiste à bien broyer cette colle avec le pouce, la première fois, et à ne pas trop la mouiller. Il faut jeter l'eau qui a servi à la détremper, et ne pas laisser le vin sur colle plus de 8 à 10 jours. On doit le soutirer plus tôt, s'il est clair; s'il ne l'est pas au bout de ce délai, l'opération est manquée et doit être recommencée, et surtout loger le vin dans une cave ou un endroit frais.

COLLE DITE DE GÉLATINE.

Pour 300 litres de vin rouge, la dose est de 25 grammes, la même quantité de vin blanc exige 30 à

35 grammes s'il est encore bien chargé de lie, et un peu moins s'il est presque clair.

Prenez 25 à 30 grammes de colle dite de Hollande : la plus transparente est la meilleure. Laissez-la détremper 4 à 5 heures dans de l'eau à la température ordinaire ; faites-la fondre doucement, à petit feu, en ayant soin de remuer, pour qu'elle ne s'attache pas au fond du vase. Il ne faut pas la battre avant de l'employer ; ajoutez-y alors une poignée de sel et agitez un peu, afin de la faire dissoudre.

C'est cette colle qui sert ordinairement à clarifier les vins blancs et clairets nouveaux en cuve.

COLLE AUX ŒUFS.

C'est la plus convenable pour les vins rouges fins, surtout lorsqu'ils sont vieux. Son action est moins prompte, mais cause moins de déchet. On peut employer de 6 à 12 blancs d'œufs pour 300 litres, selon que le vin est plus ou moins louche. Mais s'il est clair et qu'on veuille seulement le rendre plus potable, 3 œufs suffiront.

Il est inutile de dire comment elle se fait, chacun le sait ; seulement il ne faut pas trop la battre, et y ajouter une poignée de sel.

COLLE AU SANG DE BŒUF.

Cette colle, que beaucoup de personnes répugnent

bien à tort, est pourtant la plus active et la plus prompte. Comme toutes les autres, aussitôt qu'elle se trouve en contact avec le vin, elle se divise à l'infini, et se trouve entièrement entraînée dans la lie. Mais il faut l'employer avec prudence dans les vins rouges : un quart de litre sur 300 pour les petits fûts, et un peu moins pour les foudres, suivant que le vin est louche. Une plus forte dose pourrait le décolorer, ce qui n'est pas à craindre pour les vins blancs, qui supportent très-bien l'emploi, facile et économique, de cette colle énergique. Etant plus difficiles à coller, il faut leur en appliquer sans crainte une dose plus forte lorsqu'ils sont nouveaux et chargés de lie.

Des mauvais goûts et des moyens de les faire disparaître.

GOUT D'ACIDE.

Ce goût est le plus difficile à faire passer. C'est pourquoi, dès qu'on s'en aperçoit, il ne faut plus différer d'y porter remède par les moyens ci-après :

Si le vin est en vinaigre, il n'y a rien à y faire; on le soutirera immédiatement, s'il y a longtemps qu'il ne l'a pas été.

Le remède qui suit est le plus certain ; il faut cependant n'y avoir recours que si le mauvais goût est bien prononcé, car il affaiblit le vin, qui demande ensuite à être remonté par du 3/6 au moment du soutirage, et recoupé avec du vin nouveau.

Pour 300 litres, prendre un demi-pain de blanc d'Espagne, le réduire en poudre, agiter le vin comme pour le coller, y insinuer cette poudre lorsqu'il est en mouvement, remuer longtemps pour bien la mettre en contact avec le liquide, et sans désemparer le coller aux œufs, ou plutôt au sang pour plus d'activité ; soutirer huit jours après, et même auparavant s'il est clair.

Si le remède a bien réussi, on recoupera le vin avec du nouveau. En tout cas, il faut le consommer au plus vite, parce qu'il conserve presque toujours un levain d'acide qui peut le vicier de nouveau aux premières chaleurs.

Je donne les deux remèdes suivants tels qu'ils m'ont été indiqués, mais sans en garantir la réussite, ne les ayant pas essayés moi-même :

1° Prendre 60 grammes de potasse par hectolitre ; bien mettre le vin en mouvement de rotation, y jeter aussitôt la potasse et agiter encore assez longtemps, puis coller deux jours après. Soutirer au bout de 8 jours, clair ou non.

2° Verser une fiol d'alcali volatil dans le vin pendant qu'on le remue ; bien agiter ; puis le déguster, et, s'il en est besoin, en ajouter jusqu'à ce que le goût d'acide ait disparu. L'alcali volatil est un contre-poison.

Le vin n'étant que légèrement atteint, je l'ai souvent guéri par l'emploi d'un demi-litre de blé grillé et quelques noix concassées avec leur coque. Il ne faut pas trop griller ce blé, beaucoup moins que du café. Un petit sac de toile, fait de manière à pouvoir entrer et ressortir facilement par la bonde (il se gonfle en s'imbibant de vin), reçoit d'abord dans le fond une pierre propre, puis les noix et le blé encore chaud le plus possible. Introduit dans le fût et suspendu au milieu du vin, vers le centre, on le laisse dans cet état pendant 8 jours, mais pas davantage. L'opération est répétée jusqu'à complète guérison, et l'on doit augmenter la dose quand l'acidité du vin est trop forte. — Ce remède convient aussi pour le goût de moisi et autres.

GOUTS DE MOISI, DE MALPROPRE, ETC.

La première chose à faire, dès qu'on remarque ces défauts, ou tous autres, qui souvent ont été communiqués au vin par le fût, c'est de le transvaser sans retard dans un tonneau en bon goût, autrement dit *en bon vin.*

On jette ensuite dans le vin un demi-litre de crême fraîche, si le mauvais goût est faible, et un litre s'il est fort. En forçant la dose, on peut ôter de la couleur au vin rouge ; tandis qu'il n'y a rien à craindre pour le blanc, et c'est même une excellente colle pour rendre à celui-ci la couleur blanche qu'il aurait pu perdre, soit qu'on l'ait entreposé dans un tonneau au rouge, ou qu'en vieillissant il soit devenu trop jaune. La crème s'emploie comme les autres colles, en agitant un peu plus longtemps, et la versant en trois fois. Soutirer sans faute 5 à 6 jours après, au plus tard; sans cela le mauvais goût entraîné par cette colle, restant en contact avec le vin, remonterait comme il est descendu.

Après ce deuxième soutirage, s'il reste encore quelques traces de cette saveur désagréable, il faut prendre un demi-verre d'huile bien pure, soit d'olive, soit d'amandes douces, agiter, puis verser en plusieurs fois cette huile, qui, remontant à la surface, absorbe et emporte avec elle le mauvais goût, et dispense de soutirer une troisième fois.

On peut obtenir le résultat désiré par l'emploi de l'huile d'olive seule, en s'en servant comme je viens de le dire.

Voici un moyen bien simple et qui m'a presque toujours réussi, le vin ayant été préalablement enlevé du tonneau infecté :

Faire cuire aux trois quarts des carottes ou des betteraves (celles qu'on mange), les peler, les fixer comme un collier à une ficelle qui les traverse, et au bout de laquelle est attachée une pierre propre ; les distancer sur cette corde de manière que la première touche presque au bas du fût, et celle du dessus presque à la surface du vin ; les y enfoncer et les y laisser 8 jours au plus ; puis, les ayant retirées, renouveler l'opération, si le goût existe encore, quoique faiblement. — Il suffit d'une betterave ou deux carottes par 300 litres. Au surplus, le trop ne peut pas nuire. — Inutile de soutirer à la fin.

Il est encore un autre moyen d'enlever le goût de moisi. S'étant procuré de petites branches de bois de cassis, ôter avec précaution la première peau sans toucher à la seconde, qu'il faut ménager ; en faire un petit paquet pouvant entrer par la bonde ; fixer à l'un de ses bouts une ficelle, et à l'autre une pierre propre ou du plomb (mais jamais du fer), afin de l'entraîner et de le maintenir au centre du tonneau. Ce paquet suffit pour 3 à 400 litres, on le fait plus gros ou l'on en met plusieurs quand on opère sur un grand foudre, ou si le mauvais goût est très-prononcé : alors on les distance dans le liquide. Avoir soin de déguster 3 à 4 jours après, et au besoin les jours suivants, afin de constater les progrès de la guérison. Dès qu'elle est complete, retirer les paquets, dans la crainte que le vin ne prenne le goût de cassis. Enfin, répéter l'opération si le résultat n'est pas satisfaisant, ou plutot employer un autre moyen.

En opérant de la même manière, on utilise avec succès les oranges amères piquées de 5 à 6 clous de girofle, disposées en collier au moyen d'une ficelle qui soutient une pierre à son extrémité inférieure. On ne les laisse que 8 jours dans le fût, afin que le vin n'en prenne pas le goût.

Enfin, il n'est pas jusqu'au pain chaud qui ne

puisse être employé avantageusement pour combattre les mauvais goûts du vin. Dans une miche sortant du four, faire une incision en rond, de la largeur et de la forme de la bonde, et en boucher hermétiquement le tonneau. Renouveler sans crainte, au besoin, et sans faire de second soutirage.

Comme on a pu le remarquer par l'exposé des procédés ci-dessus, je ne les donne pas tous comme infaillibles. Mais j'ai dû les mentionner sans exception, afin qu'en cas de non-réussite, ils puissent se remplacer les uns par les autres.

Moyens pour enlever aux tonneaux leurs mauvais goûts, et rendre ceux qui sont au vin rouge propres à recevoir du vin blanc.

Lorsqu'un tonneau a mauvais goût, il faut le défoncer s'il n'est pas à porte, le bien rincer à la brosse et même le râcler de telle sorte que le bois soit bien à découvert ; puis, pendant qu'il est encore mouillé, mais sans qu'il y reste de l'eau, y introduire, à raison d'une contenance de 300 litres, 60 grammes environ d'acide sulfurique ou huile de vitriol, qu'on agite en tous sens, afin qu'il recouvre toutes les parties du fût ; y jeter ensuite 3 à 4 litres d'eau bouillante, suivant sa capacité et la quantité de vitriol ; bien le boucher, sans crainte d'explosion, et l'agiter de nouveau fortement ; enfin, retirer cette

TABLE DES MATIÈRES.

FIN DE LA TABLE.

Imp. Frédéric Gauthier, à Lons-le-Saunier.

www.ingramcontent.com/pod-product-compliance
Lightning Source LLC
LaVergne TN
LVHW020037170826
845678LV00001B/293

* 9 7 8 2 3 2 9 6 9 5 9 9 0 *